Khalid Sultan
Raid Salih Jawad

Nanofluidos e Transferência de Calor em Tubo Circular

Khalid Sultan
Raid Salih Jawad

Nanofluidos e Transferência de Calor em Tubo Circular

ScienciaScripts

Imprint

Any brand names and product names mentioned in this book are subject to trademark, brand or patent protection and are trademarks or registered trademarks of their respective holders. The use of brand names, product names, common names, trade names, product descriptions etc. even without a particular marking in this work is in no way to be construed to mean that such names may be regarded as unrestricted in respect of trademark and brand protection legislation and could thus be used by anyone.

Cover image: www.ingimage.com

This book is a translation from the original published under ISBN 978-3-659-83069-3.

Publisher:
Sciencia Scripts
is a trademark of
Dodo Books Indian Ocean Ltd. and OmniScriptum S.R.L publishing group

120 High Road, East Finchley, London, N2 9ED, United Kingdom
Str. Armeneasca 28/1, office 1, Chisinau MD-2012, Republic of Moldova, Europe
Printed at: see last page
ISBN: 978-620-8-23820-9

Índice:

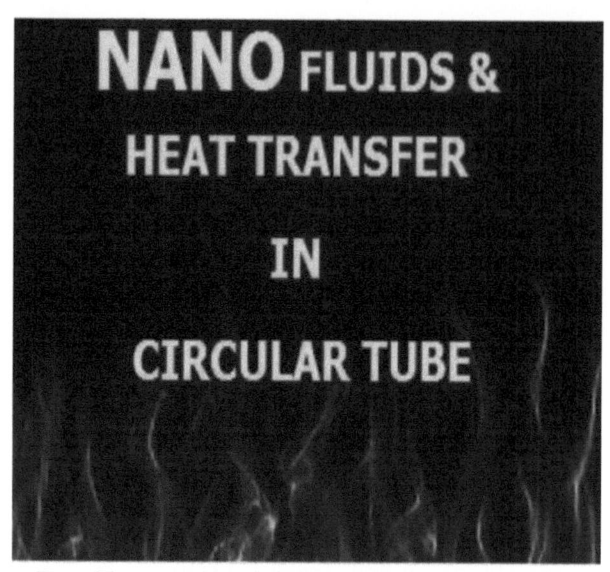

Dr. Eng. KHALID FAISL SULTAN

Dr. Eng. RAID SALIH JAWAAD

Primeira edição

(2016)

Dr. Eng. KHALID FAISL SULTAN

Departamento de Engenharia Eletromecânica. Universidade de Tecnologia de Bagdade - Iraque.

Telemóvel: + 9647702548543

Correio eletrónico: ksultan61@yahoo.com

Dr. Eng. RAID SALIH JAWAD

Chefe do Departamento de Combustíveis - Centro de Investigação de Energia e Energias Renováveis - Universidade de Tecnologia - Bagdade - Iraque.

Telemóvel: + 964-7712912121

+ 964-7811178693

Correio eletrónico: dr99990@yahoo.in

11026@uotechnology.edu.iq

CAPÍTULO 1

Desenvolvimento de nanofluidos e seu conceito

1.1 Introdução

Nano é um prefixo que significa um bilionésimo, pelo que um nanómetro é um bilionésimo de um metro. A nanotecnologia consiste na criação de materiais, dispositivos e sistemas funcionais através do controlo da matéria ao nível da nanoescala e da exploração das suas novas propriedades e fenómenos que surgem a essa escala, ou seja, as nanopartículas são partículas que têm entre 1 e 100 nm

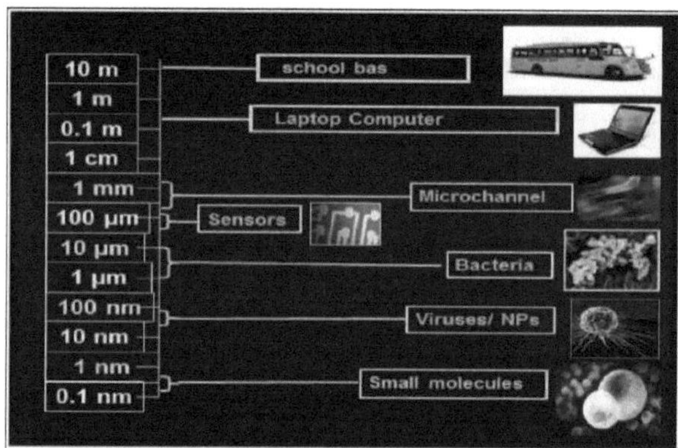

Fig. 1.1 Tamanho nanométrico representado para diferentes objectos

A tendência constante para a miniaturização passou da escala milimétrica do início dos anos 50 para a atual escala atómica [1]. A nanotecnologia será assim uma tecnologia emergente e excitante do século XXI. Com a contínua miniaturização das tecnologias em muitos domínios, os nanofluidos com capacidade de arrefecimento de elevados fluxos de calor superiores a 1000 w/cm^2 seriam fundamentais para o avanço de toda a alta tecnologia.

Os nanofluidos têm atraído a atenção como uma nova geração de fluidos de transferência de calor com potencial superior para melhorar o desempenho de transferência de calor dos fluidos convéncionais. Estes fluidos são obtidos através de uma suspensão coloidal estável de uma fração volumétrica reduzida de partículas sólidas ultrafinas de dimensão nanométrica dispersas num fluido de transferência de calor convencional, como a água, o etilenoglicol ou o propilenoglicol, a fim de melhorar as suas propriedades reológicas, mecânicas, ópticas e térmicas. Ver figura (1.2). O conceito de nanofluido foi cunhado pela primeira vez por S.U.S **Choi,[2].**

Fig. 1.2 Representação de uma imagem imaginária do movimento dos nanofluidos

No Laboratório Nacional de Argonne e têm atraído um interesse considerável devido a relatos de grandes melhorias na transferência de calor **[3]**, na transferência de massa [4], e na humidificação e espalhamento [5]. É bem sabido que, à temperatura ambiente, os metais no estado sólido têm condutividades térmicas ordens de grandeza mais elevadas do que as dos fluidos [6]. Por exemplo, a condutividade térmica do cobre à temperatura ambiente é cerca de 700 vezes superior à da água e cerca de 3000 vezes superior à do óleo de motor, como se mostra na tabela (1.1) e na figura (1.3). A condutividade térmica dos líquidos metálicos é muito maior do que a dos líquidos nanometálicos. Por conseguinte, é de esperar que as condutividades térmicas dos fluidos que contêm partículas metálicas sólidas em suspensão sejam significativamente mais elevadas do que as dos fluidos de transferência de calor convencionais.

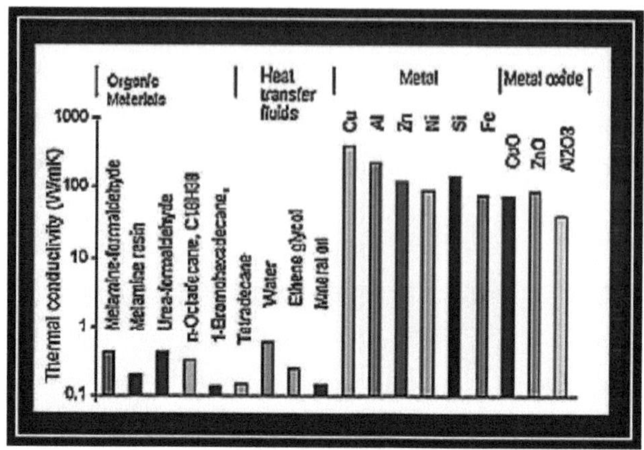

Fig (1.3) Comparação da condutividade térmica de líquidos, polímeros e sólidos comuns

Tabela (1.1) Condutividade térmica de líquidos, polímeros e sólidos comuns

Material		Condutividade térmica (W/M.K)
Sólido metálico	Cu	429
	Al	273
	Ag	428
	Au	318
	Fe	83.5
Não metálico	Al2O3	40
	CuO	76.5
	Si	148
	SiC	270
	CNTs	3000(MWCTs) 6000(SWCNTs)
	BNNTs	260 - 600
Fluido de base	H2O	0.613

	Etilenoglicol (EG)	0.253
	Óleo de motor (EO)	0.145

Os nanofluidos são coloides de engenharia constituídos por um fluido de base e nanopartículas. Os nanofluidos utilizam normalmente nano partículas de metal ou de óxido de metal, como o cobre e a alumina, e o fluido de base é normalmente um fluido condutor, como a água, o etilenoglicol e outros. Os nanofluidos são estudados devido às suas propriedades de transferência de calor: aumentam a condutividade térmica e as propriedades convectivas em relação às propriedades do fluido de base. Os aumentos típicos da condutividade térmica situam-se na gama de 15 a 40% em relação ao fluido de base e os aumentos do coeficiente de transferência de calor foram encontrados até 40%. O aumento da condutividade térmica das nanopartículas adicionadas deve ser atribuído a outros mecanismos que contribuem para o aumento do desempenho. Os fluidos convencionais, como a água, o óleo de motor e o etilenoglicol, são normalmente utilizados como fluidos de transferência de calor, ver figura (1.4)

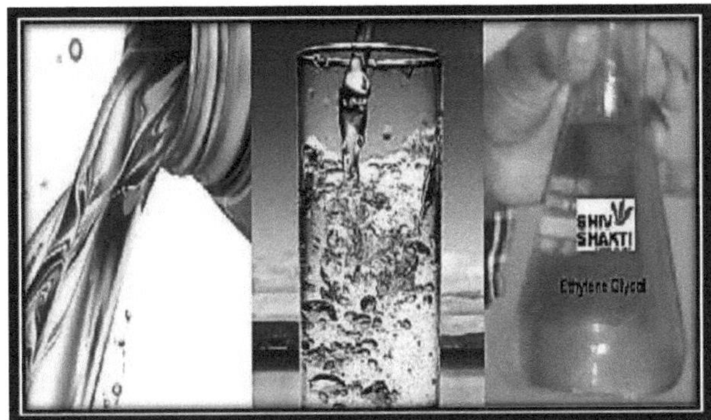

Fig. 1.4 Representação de diferentes fluidos convencionais

Embora sejam aplicadas várias técnicas para melhorar a transferência de calor, o baixo desempenho de transferência de calor destes fluidos convencionais impede a melhoria do desempenho e a compactação dos permutadores de calor. A utilização de partículas sólidas como aditivo suspenso no fluido de base é uma técnica para melhorar a transferência de calor. A melhoria da condutividade térmica é a ideia chave para melhorar as caraterísticas de transferência de calor dos fluidos convencionais. Uma vez que um metal sólido tem partículas finas metálicas maiores no fluido de base, espera-se que melhore a condutividade térmica desse fluido. O aumento da condutividade térmica de fluidos convencionais através da suspensão de partículas sólidas, tais como partículas de tamanho milimétrico ou micrométrico, é bem conhecido há mais de 100 anos, [7]. No entanto, não têm sido de interesse para aplicações práticas devido a problemas como a sedimentação, a erosão, a incrustação e o aumento da perda de carga no canal de escoamento. Os recentes avanços na tecnologia dos materiais tornaram possível a produção de partículas de dimensões nanométricas que podem ultrapassar estes problemas. Os fluidos de transferência de calor inovadores - suspensos por partículas sólidas de dimensão nanométrica - são designados por nanofluidos. O termo nanofluidos refere-se a um novo tipo de fluidos que, através da suspensão de nanopartículas, podem alterar as propriedades térmicas e de transporte do fluido de base. O termo nanofluidos foi utilizado pela primeira vez pelo grupo do Laboratório Nacional de Argonne, EUA, há cerca de uma década,[2]. A transferência de calor por convecção é muito importante para muitos equipamentos industriais de aquecimento ou arrefecimento. A convecção de calor pode ser melhorada passivamente através da alteração da geometria do escoamento e das condições de fronteira.

4.2 Síntese de materiais nanofluidos para nanopartículas e fluidos:

A moderna tecnologia de fabrico oferece uma grande oportunidade para processar materiais ativamente à escala nanométrica. Os materiais nanoestruturados ou nanofásicos são constituídos por substâncias de dimensão nanométrica concebidas à escala atómica ou molecular para produzir propriedades físicas novas ou melhoradas não exibidas pelos sólidos convencionais a granel. Todos os mecanismos físicos têm uma escala de comprimento crítica abaixo da qual as propriedades físicas dos materiais são alteradas. Por conseguinte, as partículas com menos de 100 nm apresentam propriedades diferentes das dos sólidos convencionais. As propriedades nobres dos materiais nanofásicos resultam do rácio área superficial/volume relativamente elevado, que se deve à elevada proporção de átomos constituintes que residem nos limites dos grãos. As propriedades térmicas, mecânicas, ópticas, magnéticas e eléctricas dos materiais nanofásicos são superiores às dos materiais convencionais com estruturas de grão grosseiro. Consequentemente, a investigação e o desenvolvimento de materiais nanofásicos têm atraído uma atenção considerável dos cientistas e engenheiros de materiais, [8].

4.3 Tipos de materiais de nanopartículas

As nanopartículas utilizadas no fluido nanométrico são constituídas por diversos materiais, tais como cerâmicas de óxidos (Al2O3 , CuO), cerâmicas de nitretos (AlN, SiN), cerâmicas de carbonetos (SiC, TiC), metais (Cu, Ag, Au), semicondutores (TiO2 , SiC), nanotubos de carbono, e materiais compósitos, como nanopartículas de liga Al_{70} Cu_{30} ou nanopartículas de núcleo - compósitos de invólucro polimérico, para além de materiais não metálicos, metálicos e outros materiais para nanopartículas, materiais e estruturas completamente novos, como materiais "dopados" com moléculas na sua estrutura de interface sólido-líquido, podem também ter caraterísticas desejáveis. Ver figura (1.5)

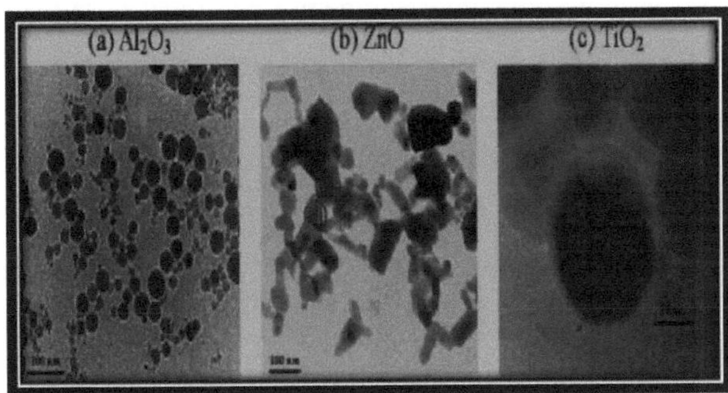

Fig. 1.5 Mostra três tipos de nanopartículas utilizadas em nanofluidos

5.4 Tipos de líquido de base

Muitos tipos de líquidos, como a água, o etilenoglicol, o óleo, a acetona e o deceno, têm sido utilizados como líquidos hospedeiros em nanofluidos.

5.5 Produção de nano partículas e nano fluidos

As nanopartículas são produzidas de duas formas:

- Processos físicos
- Processos químicos.

As técnicas físicas incluem a trituração mecânica e a técnica de condensação de gás inerte. Os processos químicos incluem a precipitação química, a pirólise por pulverização e a pulverização térmica. Existem também duas formas de produzir nanofluidos, através de um processo de um passo ou de dois passos. O processo de um passo produz e dispersa simultaneamente as nanopartículas diretamente nos fluidos de base [9]. Esta técnica envolve a vaporização de um material de origem sob condições de vácuo. Uma vantagem deste processo é que a aglomeração de nanopartículas é minimizada. As desvantagens são que o líquido deve ter uma pressão de vapor muito baixa e que esta técnica pode produzir quantidades muito limitadas de nanofluidos. Como mostra a figura (1.6), no processo de dois passos, as partículas são fabricadas e depois dispersas no fluido. Este processo pode ser ilustrado na figura (1.7). A principal desvantagem do processo em duas etapas é o facto de as nanopartículas tenderem a aglomerar-se antes de poderem ser dispersas no fluido. O processo de uma etapa também é favorável porque evita a oxidação das nanopartículas [10], e a figura (1.8) mostra o fluxograma da produção de nanopartículas e nanofluidos.

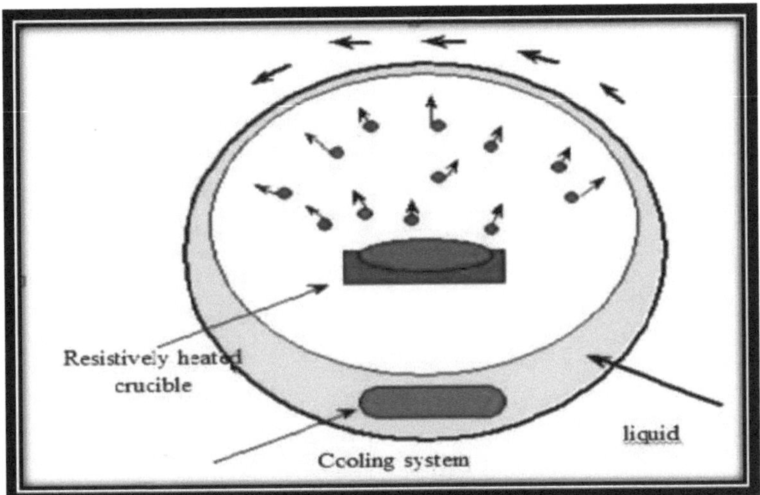

Fig. 1.6 Diagrama esquemático do sistema de produção de nanofluidos concebido para a evaporação direta de partículas nanocristalinas em líquido de baixa pressão de vapor [2].

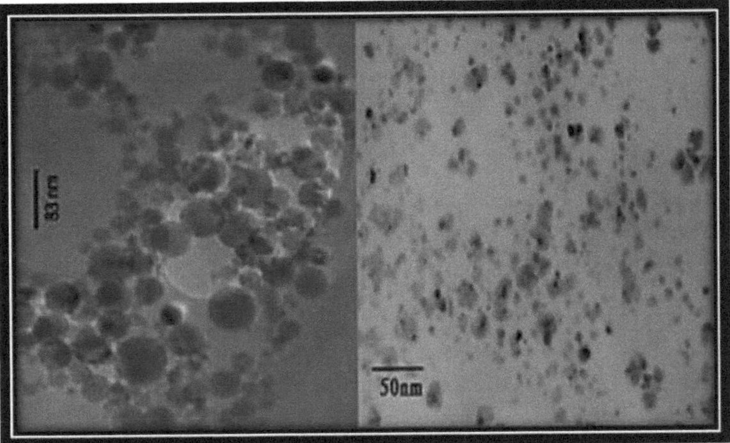

Fig. 1.7 Mostra o ZnO2 em água produzido com o método de dois passos e as nanopartículas de Cu em etilenoglicol produzidas com um passo.

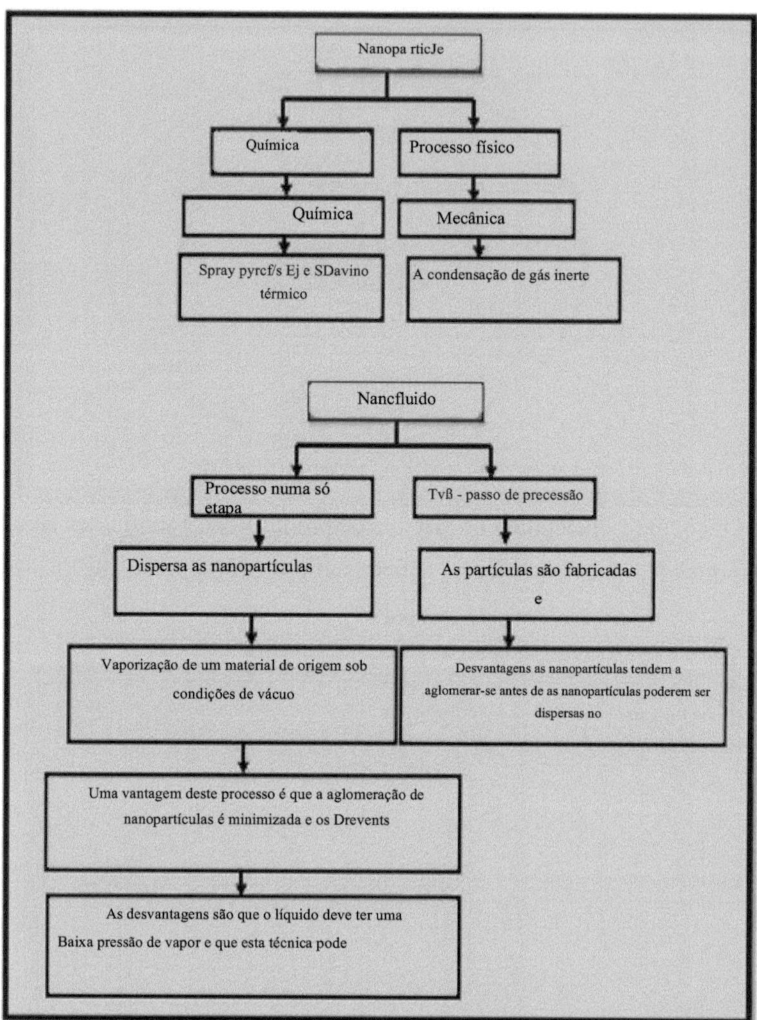

Fig. (1.8) Diagrama de fluxo para a produção de nanopartículas e nanofluidos

1.6 Impacto e potenciais benefícios dos nanofluidos

Prevê-se que o impacto da tecnologia dos nanofluidos seja grande, tendo em conta que o desempenho da transferência de calor dos permutadores de calor ou dos dispositivos de refrigeração é vital em numerosos sectores. Por exemplo, o sector dos transportes tem necessidade de reduzir o tamanho e o peso dos sistemas de gestão térmica dos veículos e os nanofluidos podem aumentar o transporte térmico de refrigerantes e lubrificantes. Quando as nanopartículas estão devidamente dispersas, os nanofluidos podem oferecer numerosas vantagens [11-13], para além da condutividade térmica efectiva anormalmente elevada. Estes benefícios incluem:

1.6.1 Melhoria da transferência de calor e da estabilidade

Uma vez que a transferência de calor tem lugar à superfície das partículas, é desejável utilizar partículas com uma área de superfície maior. A área de superfície relativamente maior das nanopartículas em comparação com as micropartículas, ver figura (1.9), proporciona capacidades de transferência de calor significativamente melhoradas.

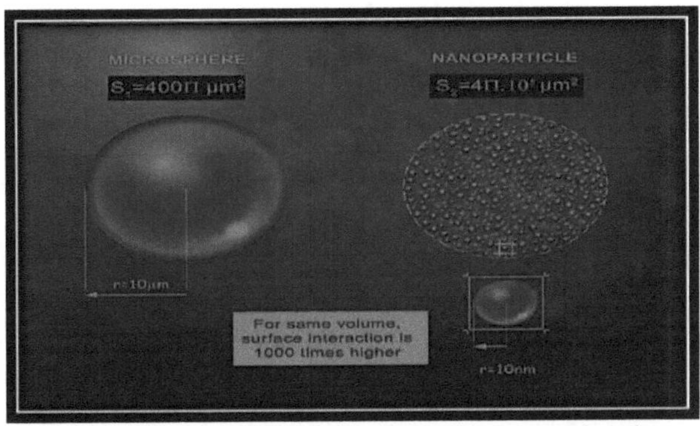

Fig.(1.9) Representa a área de superfície relativamente maior das nanopartículas em comparação com as micropartículas

Além disso, as partículas mais finas do que 20 nm transportam 20% dos seus átomos na sua superfície, tornando-os instantaneamente disponíveis para interação térmica, [14]. Com estas partículas ultra-finas, o nanofluido pode fluir suavemente nos canais mais pequenos, como os canais mínimos ou micro. Como as nanopartículas são pequenas, a gravidade torna-se menos importante e, portanto, as hipóteses de sedimentação também são menores, tornando os nanofluidos mais estáveis.

1.6.2 Arrefecimento de micro-canais sem obstrução

Os nanofluidos não só serão um meio melhor para a transferência de calor em geral, como também serão ideais para aplicações em microcanais onde se verificam elevadas cargas de calor. A combinação de micro canais e nanofluidos proporcionará fluidos altamente condutores e uma grande área de transferência de calor. Isto não pode ser conseguido com macro ou micro partículas, porque estas entopem os micro canais.

1.6.3 Sistemas miniaturizados

A tecnologia de nanofluidos apoiará a atual tendência industrial para a miniaturização de componentes e sistemas, permitindo a conceção de sistemas de permutadores de calor mais pequenos e mais leves. Os sistemas miniaturizados reduzirão o stock de fluido de transferência de calor e resultarão em poupanças de custos,[8].

1.6.4 Redução da potência de bombagem

Para aumentar a transferência de calor de fluidos convencionais por um fator de dois, a potência de bombagem tem normalmente de ser aumentada por um fator de 10. Foi demonstrado que, multiplicando a condutividade térmica por um fator de três, a transferência de calor no mesmo aparelho era duplicada, [2]. O aumento necessário da potência de bombagem será muito moderado, a menos que se verifique um aumento acentuado da viscosidade do fluido. Assim, podem ser conseguidas poupanças muito grandes na potência de bombagem se houver um grande aumento da condutividade térmica utilizando uma pequena fração volumétrica de nanopartículas.

1.6.5 Poupança de custos e energia

A utilização bem sucedida de nanofluidos resultará em poupanças significativas de energia e de custos, uma vez que os sistemas de permutadores de calor podem ser mais pequenos e mais leves. A melhor estabilidade dos nanofluidos evitará a sedimentação rápida e reduzirá o entupimento das paredes dos dispositivos de transferência de calor. A elevada condutividade térmica dos nanofluidos traduz-se numa maior eficiência energética, melhor desempenho e menores custos de funcionamento. Podem reduzir o consumo de energia para bombear fluidos de transferência de calor. Os sistemas miniaturizados requerem inventários mais pequenos de fluidos, onde os nanofluidos podem ser utilizados. Os sistemas térmicos podem ser mais pequenos e mais leves nos veículos, e os componentes mais pequenos permitem poupar combustível e quilómetros, reduzir as emissões e criar um ambiente mais limpo [15].

1.7 Potencial aplicação de nanofluidos

Os nanofluidos podem ser utilizados para melhorar a transferência de calor e a eficiência energética numa série de sistemas térmicos. Grande parte do trabalho no domínio dos nanofluidos está a ser realizado em laboratórios nacionais e no meio académico e encontra-se numa fase que ultrapassa a investigação de descoberta. Recentemente, tem vindo a aumentar o número de empresas que vêem o potencial da tecnologia dos nanofluidos (colóides de nanopartículas) e que estão a desenvolver ativamente trabalhos para aplicações industriais específicas. Os nanofluidos parecem ser uma alternativa muito interessante aos fluidos de transferência de calor para muitas aplicações térmicas avançadas, tal como se indica no quadro (1.2),[16]. Ver figura (1.10)

Tabela (1.2) Aplicações dos nanofluidos em vários domínios

Campo	Aplicação
Eletrónica	Arrefecimento de computadores e servidores de alto desempenho, díodos lasers de alta potência, chips
Nuclear Fusão	Arrefecimento, MEMS, NEMS, LEDS, circuitos integrados, dispositivos semicondutores (Sistemas mecânicos de micro, nanoelectrónica)
Automóvel	Líquido de arrefecimento do motor, líquido da transmissão, líquido da direção assistida, embraiagens da ventoinha, bobina do motor, líquido dos travões, óleos lubrificantes, massas lubrificantes

Produção e transporte de eletricidade	Arrefecimento do transformador
Nuclear	Refrigerante primário em reactores de água pressurizada (PWR) e sistemas de segurança de emergência
Renováveis energia	Para melhorar a transferência de calor e a densidade energética dos colectores solares
HVAC	Eficiência energética no arrefecimento e aquecimento de edifícios sem aumento da potência de bombagem no aquecimento, ventilação e ar condicionado (AVAC)
Produção, Fabrico	arrefecimento e lubrificação de brocas mós, arrefecimento do equipamento de soldadura
Defesa	Arrefecimento da eletrónica de potência, armas de energia dirigida, veículos militares, submarinos
Espaço	Requer sistemas de arrefecimento mais simples e leves, que são viáveis com nanofluidos devido ao seu baixo inventário de fluidos
Médico	Indústria biomédica. Por exemplo, o método tradicional de tratamento do cancro, mata as células cancerígenas, a radiação dos medicamentos sem os danificar, arrefece o cérebro, a cirurgia é mais segura

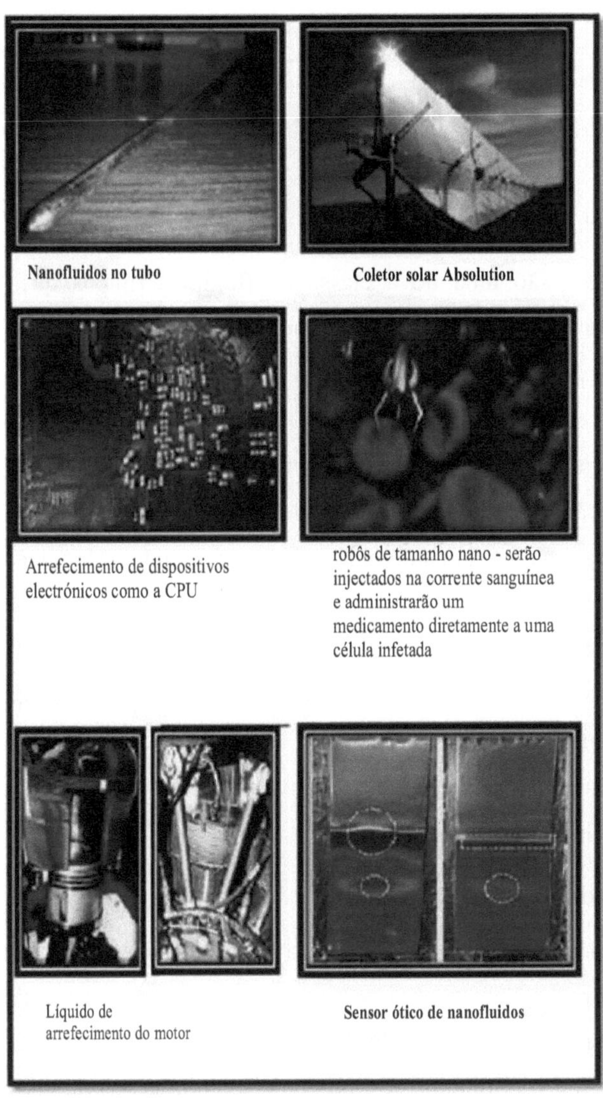

Fig (1.10) Algumas aplicações de nanofluidos

CAPÍTULO 2

Mecanismos dos Nanofluidos

2.1 Introdução

Os nanofluidos são uma nova classe de fluidos térmicos que consistem em partículas de dimensão nanométrica (menos de 100 nm) dispersas em fluidos convectivos. Até à data, tem havido pouca investigação envolvendo a convecção, especialmente a convecção forçada [16]. A maior parte da investigação tem-se centrado na determinação da condutividade térmica dos nanofluidos e não tem sido dada muita atenção à determinação do coeficiente de transferência de calor por convecção, pelo que o tubo tem sido objeto de vários estudos. Há uma série de artigos publicados sobre este assunto. Esta revisão da literatura abordará uma série de estudos experimentais e teóricos que se centraram no desempenho dos nanofluidos no tubo e que foram efectuados para abranger o aumento da transferência de calor através da utilização de nanofluidos em todas as aplicações e o efeito da concentração, do número de Reynolds, do número de Rayleigh, do tipo de nanofluido, do ângulo do tubo e do diâmetro das nanopartículas.

2.2 Mecanismos dos Nanofluidos

A compreensão convencional da condutividade térmica efectiva da mistura tem origem em formulações contínuas que normalmente envolvem apenas o tamanho/forma da partícula e a fração de volume e assumem a transferência de calor difusiva nas fases fluida e sólida. Este método pode dar uma boa previsão para sistemas sólidos/fluidos de tamanho micrométrico ou superior, mas não consegue explicar as caraterísticas invulgares de transferência de calor dos nanofluidos. Para explicar as razões do aumento anómalo da condutividade térmica nos nanofluidos, Keblinski et al. [17] e Eastman et al. [18] discutiram quatro explicações possíveis para este aumento anómalo: O movimento browniano das nanopartículas, a estratificação a nível molecular do líquido na interface líquido/partícula, a natureza do transporte de calor nas nanopartículas e os efeitos do agrupamento de nanopartículas. Postularam que o efeito do movimento Browniano pode ser ignorado, uma vez que a contribuição da difusão térmica é muito maior do que a difusão Browniana. No entanto, apenas examinaram os casos de nanofluidos estacionários.

Tem-se teorizado que a base da estabilidade dos colóides gira em torno do movimento browniano. O movimento browniano é definido como o movimento aleatório de partículas num fluido de base. Ver figura (2.1) e figura. (2.2).

Fig. (2.1) descobridor Robert Brownian

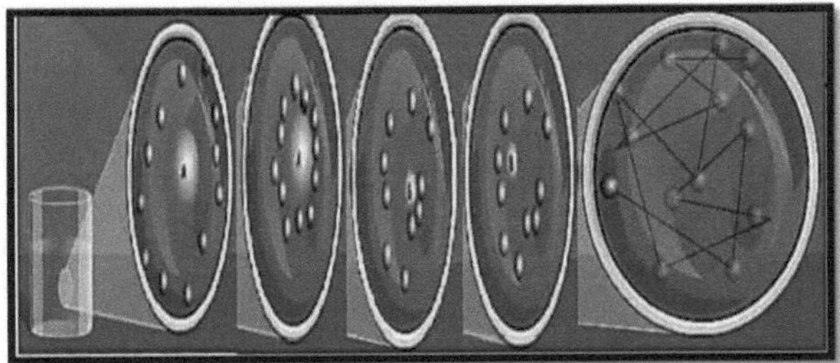

A Fig. (2.2) mostra o movimento browniano

Este movimento aleatório significa que há uma colisão das partículas umas com as outras. O impacto das partículas sobre outras partículas é negligenciável, porque a concentração de partículas nos nanofluidos é normalmente baixa. O impacto das partículas nas moléculas é importante. Esta colisão transfere para as moléculas a energia cinética da partícula anterior obtida. O movimento browniano foi investigado por Jang e Choi, [19] para libertar energia mais eficazmente a partir do movimento aleatório das nanopartículas do que da colisão de nanopartículas. Explicaram que a condução é capaz de ocorrer devido à interação entre as nanopartículas e as moléculas do líquido. O movimento browniano é melhor descrito matematicamente a partir da equação de Einstein - Stokes.

$$D_B = \frac{K_B T}{3\pi\mu d_p} \qquad \qquad ......(2.1)$$

Visualização do movimento browniano das nanopartículas, tal como se mostra na montagem experimental na figura (2.3) e imagens microscópicas do movimento browniano na figura (2.4).

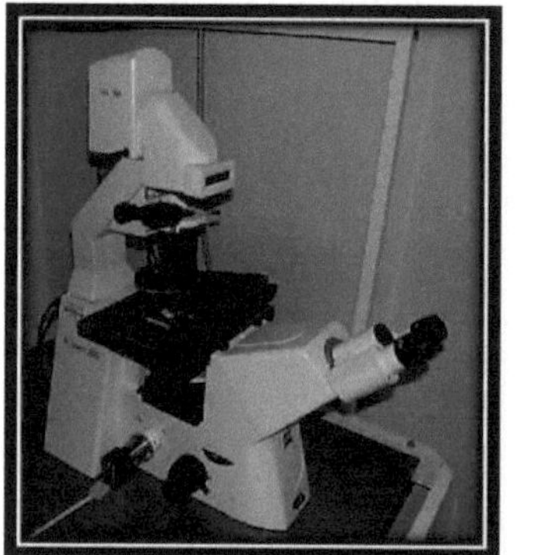
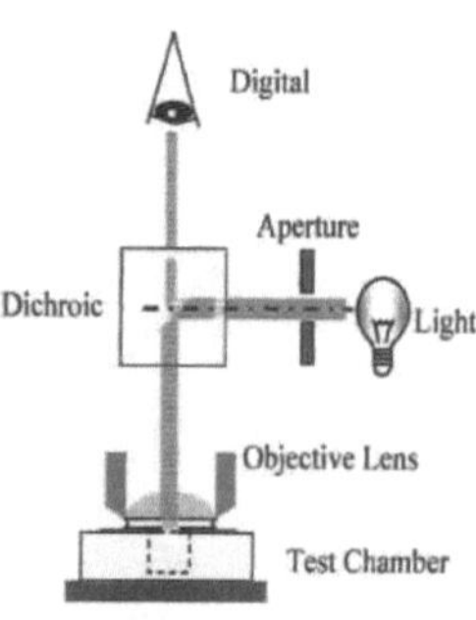

Fig.(2.3): Instalação experimental para visualização dos movimentos brownianos de nanopartículas em suspensão

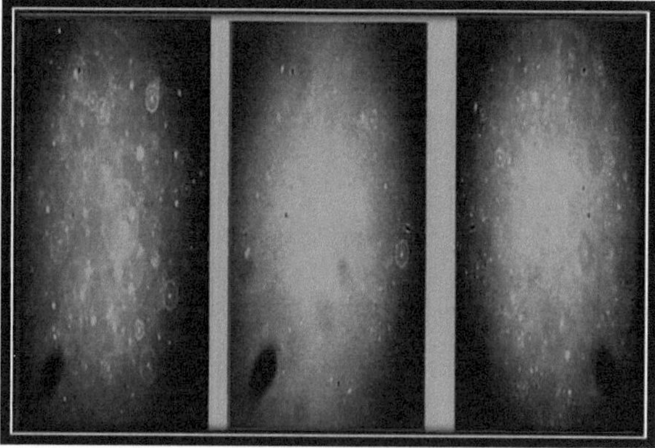

Fig. (2.4): Imagens microscópicas de movimentos brownianos de nanopartículas em nanofluidos para Al , Al2O3 e CuO

Khaled e Vafai [20] investigaram o efeito da dispersão térmica na melhoria da transferência de calor de nanofluidos. Estes resultados mostraram que a presença de elementos dispersivos na região do núcleo não afectou a taxa de transferência de calor. No entanto, os elementos dispersivos correspondentes resultaram numa melhoria de 21% do número de Nusselt para um tubo uniforme alimentado por um fluxo de calor fixo, em comparação com a distribuição uniforme dos elementos dispersivos. Estes resultados fornecem uma possível explicação para o aumento da condutividade térmica dos nanofluidos, que pode ser determinada parcialmente pelas propriedades dispersivas. Isto pode ser conseguido através de uma distribuição adequada das partículas ultrafinas. Fisicamente, a distribuição das partículas ultrafinas pode ser controlada através de diferentes métodos:

i. Ter nanopartículas com diferentes tamanhos ou propriedades físicas, ii. Aplicar forças magnéticas adequadas juntamente com a utilização de nanopartículas magnetizadas,

iii.   Aplicação de forças centrífugas adequadas,

iv.   Aplicação de forças electrostáticas adequadas juntamente com a utilização de nanopartículas eletricamente carregadas. É possível obter diferentes distribuições para as nanopartículas utilizando qualquer combinação dos métodos acima referidos.

Wen e Ding, [21] estudaram teoricamente o efeito da migração de partículas nas caraterísticas de transferência de calor em nanofluidos que fluem através de mini - canais (D = 1mm). Estudaram o efeito da migração de partículas induzida pelo cisalhamento e pelo gradiente de viscosidade e a auto-difusão devido à Brownian. Os seus resultados indicaram uma não - uniformidade significativa na concentração de partículas e na condutividade térmica ao longo da secção transversal do tubo devido à migração de partículas. Em comparação com a distribuição uniforme da condutividade térmica, a distribuição não uniforme causada pela migração de partículas induziu um número de Nusselt mais elevado.

Xuan e Li [22] também discutiram cinco razões possíveis para a melhoria da condutividade térmica efectiva dos nanofluidos: o aumento da área de superfície devido às nanopartículas em suspensão, o aumento da condutividade térmica do fluido, a interação e a colisão entre partículas, a intensificação da flutuação da mistura e da turbulência do fluido e a dispersão das nanopartículas.

Koo e Kleinstreuer, **[23]** discutiram os efeitos do movimento browniano, termoforético e osmoforético nas condutividades efectivas. Verificaram que o papel do movimento browniano é muito mais importante do que os movimentos termoforético e osmoforético. Além disso, a interação das partículas pode ser negligenciada quando a concentração do nanofluido é baixa (< 0,5 vol %). No entanto, estas conclusões ainda não foram validadas por experiências.

Recentemente, **Evans et al.[24]** sugeriram que a contribuição do movimento browniano para a condutividade térmica do nanofluido é muito pequena e não pode ser responsável pelas propriedades de transporte térmico extra- ordinárias dos nanofluidos. Também apoiaram o seu argumento utilizando a simulação da dinâmica molecular e a teoria do meio efetivo (ou seja, o efeito da nano-camada líquida formada em torno das nanopartículas foi tido em conta, a nanopartícula e a camada à sua volta foram consideradas como uma única partícula). No entanto, limitaram a sua discussão a fluidos estacionários, o que enfraquece os seus resultados, [25].

Por conseguinte, até agora não existem mecanismos gerais para explicar o estranho comportamento dos nanofluidos, incluindo a condutividade térmica efectiva altamente melhorada, embora tenham sido considerados muitos factores possíveis, incluindo o movimento browniano da camada de interface líquido-sólido, o transporte balístico de fões e o estado de carga superficial. No entanto, existem ainda outras explicações possíveis à escala macro, como a condução de calor, a convecção natural induzida por partículas, a convecção induzida por eletroforese, a termoforese, etc.

2.3 Condutividade térmica

Atualmente, não existe uma teoria fiável para prever a condutividade térmica anómala dos nanofluidos. A partir dos resultados de muitos investigadores, sabe-se que a condutividade térmica dos nanofluidos depende de parâmetros que incluem a condutividade térmica do fluido de base e das nanopartículas, a fração de volume, a área de superfície, a forma das nanopartículas e a temperatura. Não existem atualmente fórmulas teóricas disponíveis para prever satisfatoriamente a condutividade térmica dos nanofluidos. A tabela 2.1 apresenta um resumo dos modelos analíticos selectivos sobre a condutividade térmica dos nanofluidos. Para obter uma compreensão mais profunda da condutividade térmica efectiva dos nanofluidos, alguns factos importantes devem ser tidos em conta em estudos futuros. Esses factos incluem o efeito do tamanho e da forma das nanopartículas, a resistência de contacto interfacial entre as nanopartículas e os fluidos de base, a dependência da temperatura ou o efeito do movimento browniano e o efeito do agrupamento das partículas. Ver figura (2.5)

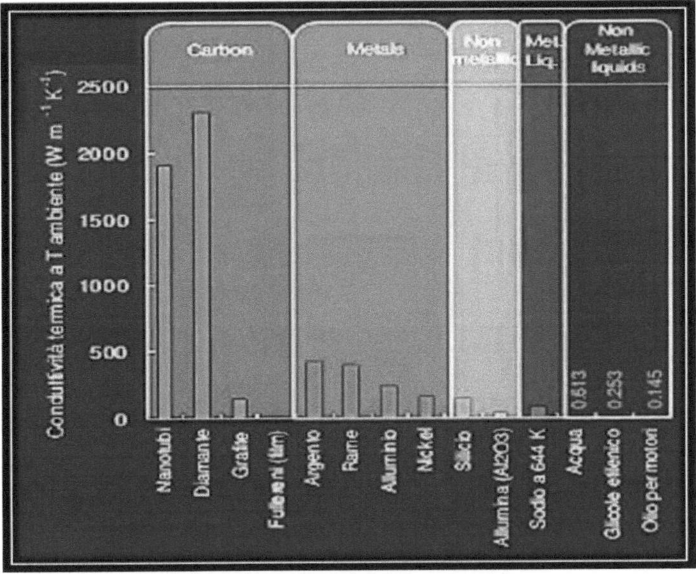

Fig (2.5) Condutividade térmica de sólidos e líquidos

Tabela 2.1: Uma lista dos modelos mais frequentemente utilizados para a condutividade térmica efectiva

Modelo	Expressão	Observações
Harwell (26)	$k_{nf} = \dfrac{k_p + 2k_b + 2(k_p - k_b)\Phi}{k_p + 2k_b - (k_p - k_b)\Phi} k_b$	Condutividade térmica do fluido à base de partículas esféricas e fração de volume sólido

		Δ
Bruggema U e Varschiada MC (27}	$k_{nf} = \frac{1}{4}\left[(3\Phi - 1)\frac{k_p}{k_b} + (2 - 3\Phi) + \frac{1}{4}\sqrt{\Delta}\right]k_b$	$= \left[(3\Phi - 1)^2\left(\frac{k_p}{k_b}\right)^2 + (2 - 3\Phi)^2 + 2(2 + 9\Phi - 9\Phi^2)\left(\frac{k_p}{k_b}\right)\right]$
Hamilton e Crasser (28)	$k_{nf} = \frac{k_p + (n-1)k_b - (n-1)(k_b - k_p)\emptyset}{k_p + (n-1)k_b + (k_b - k_p)\Phi}k_b$	n depende da forma da partícula e kbi $n = 3/\psi$ for $k_p/k_b > 100$, n=3 para outros casos
Dave (29)	$K_{nf} = 1 + \frac{3\left(\frac{k_p}{k_b} - 1\right)\left[\Phi_p + f\Phi_p^2 + o\Phi_p^2\right]}{\left(\frac{k_p}{k_b} + 2\right) - \left(\frac{k_p}{k_b} - 1\right)\Phi_p}k_b$	Termo de ordem elevada devido ao par de esferas dispersas aleatoriamente f=2,5 & 0.5 for ,$\infty \frac{k_p}{k_b} = 10$
Vespa (3D)	$k_{nf} = \left[\frac{k_p + 2k_b - 2(k_p - k_b)\Phi}{k_p + 2k_b + 2(k_p - k_b)\Phi}\right]k_b$	Condutividade térmica do fluido à base de partículas esféricas e fração de volume sólido

Yu e Choi [31;	$k_{nf} = \left[\frac{k_p + 2k_b + 2(k_p - k_b)(1 + \beta)^2\Phi}{k_p + 2k_b - (k_p - k_b)(1 + \beta)^2\Phi}\right]k_b$, $1 + \frac{\pi\Phi_{eff}A}{1 - \Phi_{eff}A}$	O efeito da condutividade térmica inclui o efeito da camada de líquido (Mijf) na superfície da nano partícula. Normalmente $\beta = 0.1$
Bhattacharya Eft. al. (32)	$k_{nf} = \frac{k_p}{k_b}\Phi + (1 - \Phi)k_b$	Condutividade térmica de uma partícula esférica. Fluido de base e fração de volume de sólido
Kumar at. al. (33)	$k_{nf} = 1 + C\frac{2k_B T E k_b}{\pi\eta d_p^2 k_p (1 - E)r_p}k_b$	Tamanho das partículas, concentração, temperatura

Jan e Choi [34]	$$k_{nf} = (1 - \Phi) + \Phi k_p + 3c\frac{db}{dp}Re_{dp}^2 Pr\Phi k_b$$	Movimento Brownie e interação térmica de nanopartículas dinâmicas com fluido de base
Xia at. al. [35]	$$k_{nf} = 1 + 3\theta\Phi T + \frac{2\theta^2\Phi^2 T}{1 - \theta\Phi T}k_b$$	Incluir o efeito do nanolayar
Xus (36)	$$k_{nf} = \frac{1 - \Phi + 2\Phi\frac{k_p}{k_p - k_b}\ln\frac{k_p + k_b}{2k_b}}{1 - \emptyset + 2\Phi\frac{k_p}{k_p - k_b}\ln\frac{k_p - k_b}{2k_b}}k_b$$	Para nanofluidos à base de CNTs e incluindo o rácio axial e a distribuição espacial
Wesley Ch arles William	$$k_{nf} = k_b(T)(4.5503 \times vol\%) + 1$$	Efeito da temperatura
. Irnof aava Eft. al. (3B)	$$k_{nf} = (1 + 3\Phi)k_b$$	Condutividade térmica da partícula esférica, fluido de base e fração volumétrica sólida

Para a simulação numérica, foram adoptadas duas abordagens na literatura para investigar as caraterísticas de transferência de calor dos nanofluidos. A primeira abordagem parte do princípio de que a hipótese de continuidade continua a ser válida para fluidos com partículas nanométricas em suspensão. A outra abordagem utiliza um modelo de duas fases para uma melhor descrição das fases fluida e sólida, mas não é comum na literatura. O modelo de fase única é muito mais simples e computacionalmente mais eficiente. Outra abordagem consiste em adotar a teoria de Boltzmann. O aumento da transferência de calor utilizando nanofluidos pode ser afetado por vários factores, tais como o movimento browniano, a estratificação na interface sólido-líquido, o transporte balístico de fões através das partículas, o agrupamento de nanopartículas e o atrito entre o fluido e as partículas sólidas. No entanto, é difícil descrever matematicamente todos estes fenómenos.

Maiga et al., [39] investigaram numericamente as caraterísticas hidrodinâmicas e térmicas de nanofluidos que fluem através de um tubo uniformemente aquecido (L= 1m) nos regimes laminar e turbulento, utilizando o modelo monofásico com propriedades ajustadas. Os resultados mostraram que a adição de nanopartículas pode aumentar substancialmente a transferência de calor em comparação com o fluido de base isolado. Verificou-se também que o etilenoglicol - YA12O3 proporcionou um melhor aumento da transferência de calor do que os nanofluidos YA12O3 - água. Além disso, mostraram que a tensão de cisalhamento da parede aumentava com a concentração de nanopartículas e o número de Reynolds. Uma nova correlação foi proposta por **Maiga et al., [40]** para descrever o desempenho térmico de nanofluidos Al2O3 - água em regime turbulento,

$$Nu_{full} = 0.085\ Re^{0.71}Pr^{0.35} \qquad \ldots\ldots (2.2)$$

que é válida para $10^4 < Re < 5 \times 10^5$, $6,6 < Pr < 13,9$ e $0 < \Phi < 10$ vol%.

Roy et al., [41] efectuaram um estudo numérico da transferência de calor para nanofluidos Al2O3 - água num sistema de arrefecimento radial. Verificaram que a adição de nanopartículas nos fluidos de base aumentou consideravelmente as taxas de transferência de calor. A utilização de 10 vol % de nanopartículas resultou num aumento de duas vezes da taxa de transferência de calor em comparação com a do fluido de base puro. Os seus resultados são semelhantes aos de **Maiga et al., [39]**, uma vez que ambos utilizaram o mesmo modelo.

Wang et al., [42] investigaram numericamente as caraterísticas da transferência de calor por convecção livre de uma cavidade bidimensional numa gama de números de Grashof e fracções de volume sólido para vários nanofluidos. Os seus resultados mostraram que as nanopartículas suspensas aumentaram significativamente a taxa de transferência de calor em todos os números de Grashof. Para o nanofluido Al2O3 - água, o aumento do coeficiente médio de transferência de calor foi de aproximadamente 30% para 10 vol% de nanopartículas. O aumento máximo no desempenho de transferência de calor de 80% foi obtido para 10 vol% de nanopartículas de Cu dispersas em água. Além disso, verificou-se que o coeficiente médio de transferência de calor aumentou até 100% para o nanofluido constituído por óleo contendo 1 vol% de nanotubos de carbono. Além disso, verificou-se que a presença de nanopartículas no fluido de base alterava a estrutura do fluxo de fluido para a orientação horizontal da parede aquecida.

Xuan e Roetzel, [43] derivaram várias correlações para a transferência de calor por convecção para nanofluidos. Foram utilizados modelos monofásicos e bifásicos para explicar o mecanismo do aumento das taxas de transferência de calor. No entanto, existem poucos dados experimentais para validar esses modelos. Além disso, observaram que o movimento aleatório das nanopartículas tende a achatar a distribuição de temperatura perto da parede limite. Devido à flutuação irregular das nanopartículas em suspensão, a distribuição de Nusselt flutuaria ao longo da direção principal do fluxo em vez da distribuição suave do fluido de base. Os resultados indicaram que a distribuição e a fração de volume das nanopartículas eram factores importantes para determinar a distribuição da temperatura e a melhoria da transferência de calor com nanofluidos.

Abu - Nada et al., [44] apresentaram uma investigação numérica da transferência de calor num degrau virado para trás (BFS), utilizando nanofluidos. Foram utilizadas diferentes fracções de volume de nanopartículas no fluido de base e diferentes tipos de nanopartículas. A técnica dos volumes finitos foi utilizada para resolver as equações do momento e da energia. Obteve-se a distribuição do número de Nusselt nas paredes superior e inferior do BFS. No caso das nanopartículas de Cu, verificou-se um aumento do número de Nusselt nas paredes superior e inferior, exceto nas zonas de recirculação primária e secundária, onde se registou um aumento insignificante. Registou-se um aumento de 33

verificaram que, fora das zonas de recirculação, as nanopartículas com elevada condutividade térmica (como a Ag ou o Cu) aumentavam mais o número de Nusselt. No entanto, dentro das zonas de recirculação, as nanopartículas com baixa condutividade térmica (como o TiO_2) melhoraram a transferência de calor. Verificaram que o número de Nusselt médio aumentava com a fração volumétrica de nanopartículas para toda a gama de números de Reynolds ($200 < Re < 600$).

Abu - Nada et al., [45] investigaram o aumento da transferência de calor num anel horizontal utilizando nanofluidos. Foi utilizado um nanofluido à base de água contendo várias fracções volumétricas de nanopartículas de Cu, Ag, Al2O3 e TiO2.

Verificou-se que a adição de diferentes tipos e diferentes fracções volumétricas de nanopartículas tem efeitos adversos nas caraterísticas de transferência de calor. Para valores elevados do número de Rayleigh e uma relação L/D elevada, as nanopartículas com elevada condutividade térmica provocaram um aumento significativo das caraterísticas de transferência de calor. Por outro lado, para valores intermédios do número de Rayleigh, as nanopartículas com baixa condutividade térmica causaram uma redução na transferência de calor. Para $Ra=10^3$ e $Ra=10^5$, a adição de nanopartículas de Al2O3 melhorou a transferência de calor. No entanto, para $Ra=10^4$, a adição de nanopartículas teve um efeito muito reduzido nas caraterísticas de transferência de calor. O problema seria investigado numericamente através da resolução das equações de Navier-Stokes e de energia (NSE) utilizando a técnica dos volumes finitos.

Abu - Nada et. al [46] apresentaram uma melhoria da transferência de calor em convecção combinada em torno de um cilindro horizontal rotativo utilizando nanofluidos. As equações de transporte foram resolvidas numericamente usando um esquema de volumes finitos de segunda ordem. Foi utilizado um nanofluido à base de água contendo várias fracções volumétricas de diferentes tipos de nanopartículas. As nanopartículas utilizadas foram Cu, Ag, Al2O3 e TiO2. Na região fora da pluma, o número de Nusselt aumenta com o aumento da fração volumétrica de nanopartículas. No entanto, na região da pluma, o efeito da fração volumétrica de nanopartículas no número de Nusselt foi menos pronunciado.

Akbarinia e Behzadmehr,[47] apresentaram um modelo CFD baseado num modelo monofásico para investigação da convecção laminar do nanofluido YAl2O3 - água num tubo curvo horizontal. No seu estudo, foram discutidos os efeitos da força de empuxo, da força centrífuga e da concentração de nanopartículas. O método numérico utilizado para resolver as equações do sistema não linear acoplado foi discretizado com uma técnica de volume de controlo. Para os termos convectivos e difusivos, foi utilizado um método upwind de segunda ordem. A convecção mista laminar totalmente desenvolvida de um nanofluido constituído por água e Al2O3 num tubo curvo horizontal foi estudada numericamente usando equações elípticas tridimensionais. Foi demonstrado que, para uma dada concentração de nanopartículas, o aumento da força de empuxo provoca a redução do atrito superficial. Depois, quando a força de flutuação dominou a força centrífuga, o atrito cutâneo foi novamente aumentado com o aumento dos números de Grashof. Além disso, a convecção livre teve um efeito negativo no aumento da transferência de calor na presença de força centrífuga. Para um determinado Re, a baixo Gr, a concentração de nanopartículas não teve um efeito significativo na redução do atrito da pele. No entanto, para valores mais elevados dos números de Grashof, o aumento da concentração de partículas diminuiu o atrito cutâneo. O aumento da concentração de nanopartículas também teve um efeito positivo no aumento da transferência de calor em diferentes combinações de Re-Gr.

Mahmoodi, [48] investigou numericamente o escoamento de fluido por convecção mista e a transferência de calor em recintos rectangulares com tampa preenchidos com o nanofluido Al2O3 - água. As paredes verticais esquerda e direita, bem como a parede horizontal superior do recinto, foram mantidas a uma temperatura fria constante Tc. A parede horizontal inferior do compartimento, que se move da esquerda para a direita, foi mantida a uma temperatura quente constante Th, com Th > Tc. As equações que regem o sistema, escritas em termos das variáveis primitivas, foram resolvidas utilizando o método dos volumes finitos e o algoritmo Simpler. Utilizando o código desenvolvido, foi realizado um estudo paramétrico e foram investigados os efeitos do número de Richardson, da razão de aspeto do recinto, da fração volumétrica das nanopartículas no escoamento do fluido e na transferência de calor no interior do recinto. Os resultados mostram que, a baixos números de Richardson, se forma um vórtice primário no sentido contrário ao dos ponteiros do relógio no interior do invólucro. Além disso, verificou-se que, para o intervalo do número de Richardson considerado, 10^{-1} - 10 , o número de Nusselt médio da parede quente aumenta com o aumento da fração volumétrica das nanopartículas. Além disso, observou-se que o número de Nusselt médio da parede quente dos compartimentos altos era superior ao dos compartimentos pouco profundos.

Mirmasoumi e Behzadmehr et al. [49] utilizaram um modelo de duas fases para prever a convecção forçada turbulenta de um nanofluido num tubo com fluxo de calor uniforme. No seu trabalho, o modelo de mistura, baseado no modelo bifásico de fluido único, foi utilizado na simulação CFD, e o procedimento numérico para este conjunto de equações diferenciais não lineares acopladas foi discretizado com a técnica de volume de controlo. Para os termos convectivos e difusivos, foi utilizado o método upwind de segunda ordem, enquanto o procedimento SIMPLE foi introduzido para o acoplamento velocidade-pressão. Verificaram que a adição de 1% de nanopartículas (Cu) aumentou o número de Nusselt em mais de 15%, embora não tenha tido qualquer efeito significativo no atrito cutâneo.

Khanafer et al., [50] desenvolveram um modelo analítico para determinar a transferência de calor por convecção natural em nanofluidos. O nanofluido no recinto foi assumido como sendo uma fase única. Foi analisado o efeito de nanopartículas suspensas num processo de transferência de calor impulsionado pela flutuabilidade. Observou-se que a taxa de transferência de calor aumentava à medida que a fração volumétrica de partículas aumentava para um determinado número de Grashof. Utilizou-se a técnica dos volumes finitos para resolver as equações de controlo. Os cálculos foram realizados para o número de Rayleigh ($103 < Ra < 5 \times 105$), altura do aquecedor ($0,1 < h < 0,75$), localização do aquecedor ($0,25 < y_p < 0,75$), razão de aspeto ($0,5 < A < 2$) e fração volumétrica de nanopartículas ($0 < O < 0,2$). Foram testados diferentes tipos de nanopartículas.

Haghshenas Fard et al., [51] estudaram numericamente a transferência de calor convectiva laminar de nanofluidos num tubo circular sob uma condição de temperatura constante da parede. Utilizaram modelos monofásicos e bifásicos para prever a temperatura, o campo de escoamento e calcular o coeficiente de transferência de calor. Os seus resultados mostraram que o coeficiente de transferência de calor aumentava claramente com o aumento da fração volumétrica das nanopartículas. Além disso, verificaram que o modelo bifásico apresentou uma melhor concordância com as medições experimentais. Para o nanofluido Cu - água com concentração, o erro relativo médio entre os dados experimentais e os resultados CFD baseados no modelo monofásico foi de 16%, enquanto que para o modelo bifásico foi de

fase foi de 8% com base nos resultados da simulação. Concluiu-se que a abordagem bifásica forneceu melhores previsões para a taxa de transferência de calor em comparação com o modelo monofásico.

Em resumo, é difícil identificar uma teoria estabelecida para prever com exatidão as caraterísticas de transferência de calor dos nanofluidos. Muitos investigadores tratam os nanofluidos como um fluido monofásico em vez de uma mistura bifásica. No entanto, a interação partícula-líquido e o movimento entre a partícula e o líquido devem desempenhar um papel importante na influência do desempenho da transferência de calor por convecção dos nanofluidos.

2.4 Investigações experimentais

Lee e Choi, [52] estudaram o comportamento da transferência de calor por convecção forçada em canais paralelos utilizando um nanofluido não especificado e observaram uma redução da resistência térmica por um fator de 2. Foi efectuada uma análise para estimar o desempenho de permutadores de calor de micro-canais com água, azoto líquido e nanofluidos como fluido de trabalho. Os procedimentos de conceção e otimização dos permutadores de calor de micro-canais mostraram a existência de uma largura de canal óptima que minimiza a resistência térmica de um permutador de calor de micro-canais. Para a configuração optimizada, o desempenho do permutador de calor de micro-canais arrefecido por nanofluidos foi comparado com o de um permutador de calor de micro-canais arrefecido por água e por nitrogénio líquido.

Quando são utilizados nanofluidos, as resistências térmicas são reduzidas e as densidades de potência aumentam. A utilização de nanofluidos, cuja condutividade térmica é três vezes superior à da água, permite um aumento da densidade de potência quase três vezes superior à da água e pode atingir a densidade de potência de um permutador de calor de micro-canais arrefecido a azoto líquido. Quando utilizados como um novo líquido de arrefecimento em permutadores de calor de microcanais, os nanofluidos oferecem benefícios significativos, incluindo um aumento dramático das taxas de arrefecimento durante o funcionamento do sistema de arrefecimento avançado à temperatura ambiente. Para aplicações em que o custo global do sistema de arrefecimento deve ser mantido baixo, os nanofluidos podem ser utilizados como um líquido de arrefecimento muito atrativo. Além disso, a possibilidade de distorção térmica e de vibração induzida pelo fluxo será eliminada pela passagem dos nanofluidos através de micro-canais no interior do próprio espelho de silício. Os trabalhos experimentais futuros sobre o permutador de calor de micro-canais arrefecidos com nanofluidos farão avançar a arte do arrefecimento de monocromadores de raios X de elevada carga térmica. Para os micro canais de elevado rácio de aspeto, deverão ser atingidas densidades de potência de $= 3000$ W/cm^2 ' com a utilização de nanofluidos.

Pak e Cho [53] realizaram experiências sobre o atrito turbulento e os comportamentos de transferência de calor de fluidos dispersos (isto é, partículas ultrafinas de óxido metálico suspensas em água) num tubo circular. Foram também efectuadas medições de viscosidade utilizando um viscosímetro rotativo Brookfield. Duas partículas diferentes de óxido metálico, Y - alumina (Al O$_{23}$) e dióxido de titânio (TiO$_2$), com diâmetros médios de 13 e 27 nm, respetivamente, foram utilizadas como partículas suspensas. Os números de Reynolds e de Prandtl variaram nos intervalos 10^4 - I0^5 e 6,5 - 12,3, respetivamente. As viscosidades dos fluidos dispersos com partículas y - Al2O3 e TiO2 a uma concentração volumétrica de 10% foram aproximadamente 200 e 3 vezes maiores do que a da água, respetivamente. Estes resultados de viscosidade foram significativamente maiores do que as previsões da teoria clássica de reologia de suspensão. Os factores de atrito de Darcy para os fluidos dispersos de concentração volumétrica variável

de 1% a 3% coincidiu bem com a correlação de Kays para o escoamento turbulento de um fluido monofásico. O número de Nusselt dos fluidos dispersos para um fluxo turbulento totalmente desenvolvido aumentou com o aumento da concentração de volume, bem como com o número de Reynolds. No entanto, verificou-se que o coeficiente de transferência de calor por convecção do fluido disperso a uma concentração volumétrica de 3% era 12% inferior ao da água pura, quando comparado com a condição de velocidade média constante. Por conseguinte, recomenda-se uma melhor seleção de partículas com maior condutividade térmica e maior dimensão, a fim de utilizar fluidos dispersos como meio de trabalho para melhorar o desempenho da transferência de calor.

Uma nova correlação para a transferência de calor conectiva turbulenta para fluidos dispersos diluídos com partículas submicrónicas de óxido metálico é dada pela seguinte equação.

$$Nu = 0.021\, Re^{0.8}\, Pr^{0.5} \qquad \text{......(2.3)}$$

Xuan e Li, [54] apresentaram um estudo experimental para investigar o coeficiente de transferência de calor e o fator de atrito dos nanofluidos Cu-água até uma concentração volumétrica de 2%. Os resultados experimentais mostraram que o número de Nusselt do nanofluido Cu-água com uma concentração volumétrica de 2% era 60% superior ao do fluido de base.

Wen e Ding, [55] concentraram-se na região de entrada em condições de fluxo laminar usando nanofluidos contendo nanopartículas YAL O_{23} de várias concentrações. Apresentaram que o coeficiente de transferência de calor local em posições axiais na região de entrada era cerca de 41% e 47% mais elevado a Re = 1050 e 1600 em comparação com a água, respetivamente, e o aumento diminuía ao longo da direção axial. Foi demonstrado que o aumento da transferência de calor aumentou com o número de Reynolds, bem como com a concentração volumétrica de nanopartículas.

Ding et al., [56] relataram um aumento máximo da transferência de calor por convecção de nanofluidos de CNT (nanotubos de carbono) superior a 350% a um número de Reynolds de 800, e o aumento máximo ocorreu a uma distância axial de aproximadamente 110 vezes o diâmetro do tubo. O grande aumento observado na transferência de calor por convecção foi atribuído ao aumento da condutividade térmica, ao rearranjo das partículas, ao aumento da condução térmica induzida pelo cisalhamento, à redução da espessura da camada limite térmica devido à presença de nanopartículas e à relação de aspeto muito elevada dos CNT.

Heris et al., [57] investigaram o fluxo laminar de nanofluidos CuO-água e Al2O3-água através de um tubo de cobre anular de 1m com 6 mm de diâmetro interior e 0,5 mm de espessura e um tubo de aço inoxidável com 32 mm de diâmetro exterior, onde circulou vapor saturado para criar uma condição de fronteira de temperatura constante na parede em vez da condição de fluxo de calor constante utilizada por outros investigadores. A comparação dos resultados experimentais mostrou que o coeficiente de transferência de calor aumentou com o aumento da fração volumétrica de nanopartículas, bem como com o número de Peclet (Pe = 5000), enquanto a água com Al2O3 mostrou um maior aumento. As experiências foram realizadas para uma vasta gama de números de Reynolds (650 - 2050) e para várias concentrações de nanopartículas de Al2O3 e CuO (0,2 - 3,0% vol.%).

Heris et al., [58] afirmaram que o aumento da transferência de calor dos nanofluidos não é apenas causado pelo aumento da condutividade térmica, mas também atribuído a outros factores, como a dispersão e o movimento caótico das nanopartículas, o movimento browniano e a migração das partículas, etc.

Lai et al., [59] estudaram nanofluidos de Al2O3(20nm) - água fluindo através de um tubo de ensaio de aço inoxidável de 1mm de tamanho e sujeito a um fluxo de calor constante na parede e baixo número de Reynolds (Re < 270). Comparado com o fluido de base, o número de Nusselt deste nanofluido teve um aumento máximo de 8 % para 1 vol% de nanopartículas a Re=270.

Jung et al., [60] realizaram experiências de transferência de calor por convecção para o nanofluido Al2O3 - água num micro canal retangular (50 x 50 gm^2) em condições de fluxo laminar. O coeficiente de transferência de calor por convecção aumentou em mais de 32% para 1,8 vol% de nanopartículas em fluidos de base. O número de Nusselt aumentou com o aumento do número de Reynolds no regime de fluxo laminar (5 < Re < 300). Com base nos resultados, propuseram uma nova correlação de transferência de calor por convecção para nanofluidos em micro canais.

$$Nu = 0.00058 \, Re_{Dh}^{1.15} Pr^{1/3} \left(\frac{(\mu(T))}{(\mu(T_\infty))} \right)^{2.76} \left(\frac{W}{H} \right)^{0.3} \quad (2.4)$$

O diâmetro de cada microcanal varia de 6(.)iim a 120gm, e o comprimento de cada segmento é de 800gm, [61].

Yang et al., [62] investigaram as caraterísticas de transferência de calor por convecção dos nanofluidos de grafite em fluxo laminar através de um tubo circular com diâmetro de 4,57 mm e comprimento de 457 mm. Note-se que as partículas que utilizaram são do tipo disco (o diâmetro médio é de 1 - 2 gm com uma espessura de cerca de 20 - 40 nm). Inesperadamente, o resultado experimental mostrou que o aumento do coeficiente de transferência de calor do sistema foi muito inferior ao aumento da própria condutividade térmica efectiva. Isto significa que, para além da condutividade térmica efectiva, a

A forma da partícula ou o rácio de aspeto (L/d =0,02) da nanopartícula deve ser um fator importante na determinação do desempenho térmico dos nanofluidos. A revisão acima mostra que os resultados relatados por vários grupos variam muito e a maioria dos estudos carece de uma explicação física para os seus resultados.

Putra et al., [63] apresentaram as suas observações experimentais sobre a convecção natural de nanofluidos de Al2O3 e CuO - água no interior de um cilindro horizontal aquecido numa extremidade e arrefecido na outra. Ao contrário dos resultados da convecção forçada, encontraram uma deterioração sistemática e definitiva da transferência de calor por convecção natural, que dependia da densidade das partículas, da concentração e da relação de aspeto do cilindro. A deterioração aumentou com a concentração de partículas e foi mais significativa para os nanofluidos de CuO. Por exemplo, a um número de Rayleigh de 5×10^7 , foram encontradas reduções de 300% e 150% no número de Nusselt para 4 wt.% de CuO e Al2O3, respetivamente.

Karthikeyan et al., [64] descobriram nas suas experiências com óxido de cobre - nanofluido de água que o tamanho das nanopartículas e o tamanho dos aglomerados tinham uma influência significativa na condutividade térmica. Verificaram também que a aglomeração dependia do tempo. À medida que o tempo passava na sua experiência, a aglomeração aumentava, o que diminuía a condutividade térmica, e os resultados mostraram como a condutividade térmica diminuía com o tempo.

2.5 Estabilidade dos Nanofluidos

Peng e Yu, [65] estudaram os factores que influenciam a estabilidade dos nanofluidos. Os resultados dos ensaios mostraram que os factores mais importantes que afectam a estabilidade das suspensões são a concentração de dispersante das nanopartículas, a viscosidade do líquido de base e o valor do pH. A variedade, o diâmetro, a densidade da nanopartícula e a vibração ultra-sónica também influenciaram a estabilidade do nanofluido.

A investigação de **Xau e Li, [66]** mostrou que o valor do pH, o tipo de dispersante e a concentração influenciaram a estabilidade das suspensões de Cu - água. A adição de concentrações optimizadas de dispersantes a pH 9,5 pode conduzir à melhor estabilidade dos nanofluidos Cu - água. Em geral, métodos como a alteração do valor do pH, a adição de dispersantes, o tratamento da superfície das nanopartículas e a agitação ultra-sónica têm sido utilizados para melhorar a estabilidade dos nanofluidos. Embora os métodos supramencionados tenham sido utilizados para melhorar a estabilidade dos nanofluidos, apenas foi comunicada a estabilidade dos nanofluidos durante vários dias ou um mês, não estando ainda disponíveis métodos simples e eficazes que permitam manter a estabilidade dos nanofluidos a longo prazo. São necessários mais estudos para alterar as propriedades da superfície das partículas em suspensão e suprimir a formação de aglomerados de partículas para obter uma suspensão estável e homogénea. É de notar que, atualmente, não foram propostos métodos padrão uniformes para examinar a estabilidade dos nanofluidos, pelo que é difícil comparar a estabilidade dos nanofluidos comunicada por diferentes investigadores.

Xuan e Li [66] também sugeriram os seguintes métodos para estabilizar as suspensões:

1.   Alteração do valor do pH da suspensão

2. Utilização de activadores de superfície e/ou dispersantes

3. Utilização de vibração ultra-sónica.

2.6 Medições das propriedades dos nanofluidos

2.6.1 Condutividade térmica

No aspeto físico, a condutividade térmica, k, é a propriedade de uma substância que mostra a sua capacidade de conduzir calor. Como se sabe, a condutividade térmica dos metais é muito mais elevada do que a dos líquidos. Na abordagem dos nanofluidos, os cientistas tentam utilizar esta caraterística para melhorar a condutividade térmica dos fluidos térmicos tradicionais através da suspensão de partículas nanométricas, e a maioria dos investigadores cria novas fórmulas, novas correlações ou tenta adotar as últimas fórmulas para calcular a condutividade térmica dos nanofluidos. A maior parte da investigação sobre nanofluidos tem-se centrado no estabelecimento da condutividade térmica dos nanofluidos **Keblinski et al., [67]**. Alguns investigadores encontraram aumentos moderados na condutividade térmica, mas muitos observaram grandes aumentos. Por exemplo,

Garg et al., [68] descobriram, a partir de ensaios com nanofluidos de cobre - etilenoglicol, que a condutividade térmica era o dobro da prevista pela teoria do meio efetivo de Maxwell (ou seja, o efeito da nano-camada líquida formada em torno das nanopartículas foi tido em conta, e a nanopartícula e a camada em seu redor foram consideradas como uma única partícula).

2.6.2 Calor específico

A capacidade térmica específica, conhecida simplesmente como calor específico, é a medida da energia térmica necessária para aumentar a temperatura de uma quantidade unitária de uma substância num determinado intervalo de temperatura. É outra propriedade termofísica que é tão importante como as outras. Ninguém pode negar o seu efeito no número de Prandtl, na capacidade térmica por unidade de massa e, em geral, na transferência de calor. O calor específico dos metais é inferior ao dos líquidos. Por conseguinte, devido ao menor calor específico do nanofluido, é de esperar uma redução do calor específico dos nanofluidos em comparação com os fluidos puros,

Chein e Chuang, [69]. O calor específico do nanofluido diminui com o aumento da concentração volumétrica das partículas. Por exemplo, o calor específico do nanofluido de SiO2 com 10 vol% reduz cerca de 12% em relação ao fluido de base, **Namburu, [70]**.

Banerjee e Ponnappan [71] relataram que, na sua experiência com fibras de nanopartículas de grafite esfoliadas que estavam suspensas em óleo de polialfa-olefina como fluido de base, observaram uma diminuição de até 33% no calor específico do que o fluido de base com apenas 0,6% e 0,3% de concentração de partículas. No entanto, **Akbarinia [72]** acredita que o aumento da concentração volumétrica das partículas aumenta o calor específico. Para calcular a capacidade térmica de uma mistura, **Longo [73]** sugere uma fórmula que segue a regra da mistura.

$$c_{nf} = \frac{(1 - \Phi)(\rho c)_{bf} + \Phi\,(\rho c)_p}{\rho_{nf}} \quad \ldots \ldots (2.5)$$

O calor específico também é afetado pela temperatura como relação direta **Kulkarni, et al., [74]**. Isto significa que o aumento da temperatura leva ao aumento do calor específico. Geralmente, a maior parte dos investigadores tenta calcular a densidade e o calor específico em simultâneo:

$$\rho c_{nf} = (1 - \Phi)\rho c_{bf} + \Phi \rho c_p \quad (2.6)$$

Onde: c_{nf} é a capacidade térmica, O é a fração volumétrica de nanopartículas e p é a densidade. O subscrito$_{bf}$ refere-se às propriedades do fluido de base e o subscrito p refere-se às propriedades das nanopartículas.

2.6.3 Viscosidade

A viscosidade é uma medida da resistência de um fluido contra a deformação por tensão extensional ou tensão de cisalhamento. Em termos gerais, é a resistência de um líquido ao fluxo. Para os nanofluidos, devido à sua natureza de suspensão, a viscosidade é muito importante na conceção da aplicação. Para a viscosidade da mistura sólido-líquido também são apresentados muitos modelos e correlações. A primeira pessoa que deu a sua ideia sobre a viscosidade da suspensão em função da viscosidade do fluido de base e da concentração volumétrica das partículas foi Einstein, o que foi apresentado no artigo de **Xuan e Roetzel [75]** e dado por

$$\mu_{nf} = \mu_{bf}(1 + 2.5\Phi) \qquad \ldots\ldots (2.7)$$

Onde: μ_{nf} é a viscosidade do nanofluido, μ_{bf} é a viscosidade do fluido de base, e Φ é a fração volumétrica de nanopartículas.

Prasher et al., [76] publicaram um artigo apenas sobre os resultados experimentais da viscosidade das partículas de alumina em propilenoglicol e a sua dependência do diâmetro das partículas, da fração volumétrica das nanopartículas e da temperatura. Descobriram que a viscosidade dos nanofluidos era extremamente dependente da fração volumétrica das nanopartículas, mas era independente da taxa de cisalhamento, do diâmetro das nanopartículas e da temperatura. O facto de a viscosidade do nanofluido ser independente da taxa de cisalhamento e do diâmetro das nanopartículas indica que o nanofluido obedece a um comportamento newtoniano. Além disso, a viscosidade é altamente dependente da fração de volume das nanopartículas. Isto sugere que os nanofluidos seguem a lei de Einstein da viscosidade para fracções de volume de nanopartículas baixas, mas não para fracções de volume grandes porque as nanopartículas começam a agregar-se no nanofluido.

Garg et al., [68] realizaram uma experiência para testar a viscosidade de nanopartículas de cobre em etilenoglicol e verificaram que o aumento da viscosidade era cerca de quatro vezes superior ao previsto pela lei de Einstein da viscosidade.

Pak e Cho,[53] estudaram experimentalmente a turbulência de nanofluidos de alumina - água e óxido de titânio - água num tubo redondo. Verificaram que a viscosidade aumentou 200 vezes a da água para a água com 10% de fração volumétrica de alumina e um aumento de 3 vezes para 10% de fração volumétrica de nanopartículas de óxido de titânio na água. Mais uma vez, a viscosidade relativa é a relação entre a viscosidade do nanofluido e a viscosidade do fluido de base. Também descobriram que a viscosidade diminuía com o aumento da temperatura, observaram que as viscosidades dos nanofluidos diminuíam assintoticamente com o aumento da temperatura. A taxa de diminuição da viscosidade tornou-se maior à medida que a fração de volume aumentou. Sugeriram que o aumento da viscosidade pode ser devido ao efeito viscoeléctrico, que se deve ao facto de a dimensão efectiva da partícula ser superior ao seu raio e igual ao comprimento de Debye (a escala em que os electrões filtram os campos eléctricos). Também obtiveram que o tamanho e a forma da esfera tinham um efeito na viscosidade. À medida que o diâmetro da esfera diminuía e a forma da esfera se tornava mais irregular, a viscosidade aumentava. Pensou-se que a forma irregular da nanopartícula aumentava a viscosidade, porque o rácio área de superfície/volume aumentava.

2.6.4 Densidade

A densidade dos materiais é definida como a sua massa por unidade de volume. A densidade tem um papel muito importante na transferência de calor, especialmente na convecção natural. A base da convecção natural é a força de empuxo, ver figura (2.6) e o gradiente de densidade.

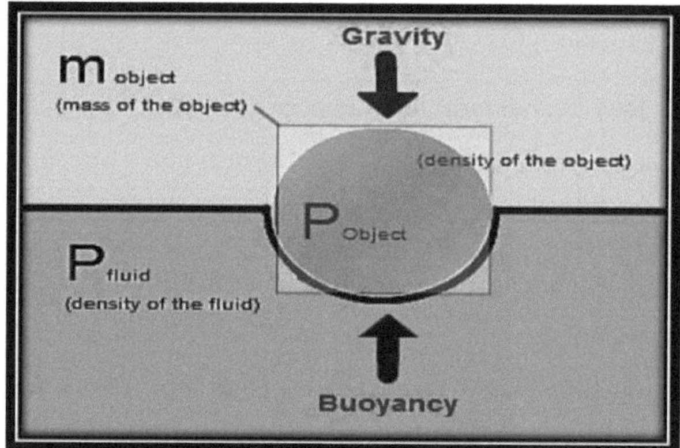

Fig. (2.6) força de empuxo

A densidade tem um efeito inverso na convecção natural **Roy et al.,** **[77]**. No entanto, apesar dos resultados experimentais, **Trisaksri e Wongwises [78]** acreditavam que o aumento da densidade causava um aumento na convecção natural. Todos os investigadores utilizaram a regra da mistura para calcular a densidade dos nanofluidos.

$$\rho_{nf} = (1 - \Phi)\rho_{bf} + \Phi\rho_{p} \quad \dots\dots (2.8)$$

O aumento da concentração volumétrica das partículas leva ao aumento da densidade do nanofluido.

Riehl et al., **[79]** efectuaram um trabalho experimental com nanofluidos de níquel-água e observaram um aumento da densidade próximo de 3,2% e 4,7% para concentrações de partículas de 3,5% a 5%. Mas, o efeito inverso do caudal mássico e da temperatura na densidade da suspensão. Existe uma hipótese chamada Boussinesq que acredita que a densidade tem uma relação linear com a temperatura Mirmasoumi e **Behzadmehr, [80]**.

2.7 Resumo da literatura

Quadro (2.2) resumo da literatura

Investigadores	Tipo de pesquisa	Geometria / Natureza do fluxo	Nano fluidos	Resultados
Maiga et. al [40]	O	Tubo / laminar	gua $\gamma Al_2O_3 - EG$	Os nanofluidos Al2O3 - EG proporcionaram um melhor aumento da transferência de calor do que os nanofluidos Água - Al2O3
Roy et. al [41]	O	Sistema de arrefecimento radial / laminar	água	A adição de nanopartículas nos fluidos de base aumentou a taxa de transferência de calor
Wang et. al [42]	O	Cavidades rectangulares / laminar	água	O aumento da média h foi de 30% para 10 vol% de nanopartículas. O aumento máximo no desempenho de transferência de calor de 80% para 10 vol% de Cu nanopartículas
Xuan e Roetzel [43]	O	Tubo	Não especificado	Explicar o mecanismo do aumento da taxa de transferência de calor

Eiyad Abu et. al,- Nada [44]	O	Degrau virado para trás/ laminar	Cu, Ag ,TiO2 - água	Verificou-se que, fora das zonas de recirculação, as nanopartículas com K elevado (como a Ag ou o Cu) têm mais aumentos no valor de Nu
Eiyad Abu - Nada et. al, [45]	O	Anéis concêntricos / laminar	Cu, Ag , Al_2O_3,TiO_2 - água	Nanopartículas, tais como Cu, Ag, Al O_{23} e TiO_2 , a inclusão de diferentes tipos e diferentes 0 no fluido de base (água) teve um efeito adverso no desempenho da transferência de calor.
Abu - Nada et. al, [46]	O	cilindro / laminar	Cu, Ag , Al2O3,TiO2 - água	Aumento de Nu com 0. No entanto, na região da pluma, o efeito da fração volumétrica de nanopartículas no Nu é menos pronunciado.
Akbarnia e Behzadmehr , [47]	O	Tubo / laminar	YAI2O3 - água	Foi demonstrado que, para um dado 0, o aumento das forças de flutuação provoca a redução do atrito cutâneo
Mastafa Mahmoodi, [48]	O	Tampa - rectángula r en - fecho / laminar	AI2O3 - água	Verifica-se que, para a gama do Ri considerado,10^{-1} - 10 , o Nu médio da parede quente, aumenta com o aumento de 0
Behzadmehr e Mirmasoumi et. Al, [49]	O	Tubo / turbulento a Q=C	Cu- água	Descobriram que a adição de 1% de nanopartículas (Cu) aumenta o Nu em mais de 15%, embora não tenha qualquer efeito significativo na fricção da pele.

Khanafer et al, [50]	O	Invólucro retangular / laminar	Cu, Ag , TiO2 - água	Aumento de h com 0 em qualquer número de Grashof dado.
Haghshenas Fard et. Al, [51]	O	Tubo / laminar	Cu- água	Aumento de h com 0 Verificaram também que o modelo bifásico apresenta uma melhor concordância com as medições experimentais.
Lee e Choi, [52]	Ex	Paralelo canais	Não especificado	Redução da resistência térmica por um fator de 2
Pak e Cho, [53]	Ex	Tubo/ Turbulento	Al2O3(13nm), TiO2 (27nm) - água	A 3 % vol., o coeficiente de transferência de calor por convecção (h) era 12% inferior ao da água pura para uma dada velocidade média do fluido
Xuan e Li, [54]	Ex	Tubo/ Turbulento	Cu (<100nm) - água	Um maior aumento de h com 0 e Reynolds foi observado Nu foi 60% maior
Wen e Ding, [55]	Ex	Tubo / laminar	Al2O3(13nm) - água	Observou-se um aumento de h com 0 e Reynolds
Ding et. Al, [56]	Ex	Tubo / laminar	CNT - água	A 0,5 wt. %, h aumentou mais de 350% a Re=8000
Heris et al. [57]	Ex	Anular Tubo / laminar	$Al_2 O_3$(20nm), Cuo (50 - 60 nm) - água	Aumento de h com 0 Além disso, o Pe. $Al\ O_{23}$ mostra um aumento maior do que o de CuO

Lai et al. [58]	Ex	Tubo / laminar	Al2O3(20nm) - água	Nu aumentou 8% para O =0,01 e Re=270
Jung et al. [60]	Ex	Micro-canal retangular / laminar	Al O_{23} (20nm) - água	h aumentou 32% para o O =0.018
Yang et al. [62]	Ex	Circular Tubo / laminar	Nanofluido de grafite	O aumento de h é inferior ao aumento da condutividade térmica efectiva
Putra et al [63]	Ex	cilindro horizontal	CuO (87,3 nm), AI2O3 (131,2 nm) - água	Uma deterioração sistemática e significativa da transferência de calor por convecção natural.

Referências

Lee, S., Choi, S.U.S., Li, S., e Eastman, J.A., 1999. "Measuring thermal conductivity of fluids containing oxide Nano Particles", ASME Journal of Heat Transfer 121 pp.280.51.

Choi, S.U.S., 1995. "Enhancing thermal conductivity of fluids with Nano particles: Developments and applications of Non-Newtonian flows", America Society of Mechanical Engineers (ASME) 66 pp. 99.

Yu, W., França, D. M., Routbort, J. L., Choi, S. U. S., 2008. "Revisão e comparação da condutividade térmica de nanofluidos e melhorias na transferência de calor. "Heat Transfer Engineering. 29(5), 432 -460 (1)

Choi, S.U.S., "Nano fluid technology: current status and future investigação, divisão de tecnologia da energia , Argonne National Laboratory, Argonne, IL. 60439.

Choi, S.U.S., Zhang, Z.G., Keblinski, P., 2004. "Nano fluidos, Encyclopedia of Nano science and Nanotechnology" 6pp 757 - 773.

Zussman, S., 1997.   "Os novos nanofluidos aumentam a transferência de calor
capability", Technology Transfer Highlights, vol. 8, Argonne National Laboratory, EUA, pp. 4.

Choi, S.U.S., Xu, X., Keblinski, P., Yu, W., 2002.   "Nano fluidos podem take the heat", em: Actas do 20º Simpósio sobre Ciência da Engenharia Energética, IL, EUA.

M. Chandrasekar, S. suresh, Achandra Bose, 2010. "Estudos experimentais sobre a transferência de calor e as caraterísticas do fator de atrito do fluido AL2O3 - Água Nano num tubo circular sob fluxo laminar com bobina de fio inserções", Experimental Thermal and Fluid Science 34122 - 130.

Feynman, Richard P., 1959.Nota de palestra "There's Plenty of Room at the Bottom" 29th dezembro de 1959 na reunião anual da Sociedade Americana de Física no Instituto de Tecnologia da Califórnia (http://www.zyvex.com/nanotech/feynman.html).

Ryogo, K., J. 1962. Phys. Soc. Jpn., 17 (16) pp. 876-880.4.

Rohrer, H., 1996. "The Nano world: Chances and Challenges", MicroelectronicEngineering   , (32) No. 1-4 pp. 5-14.

Sohn, L. L., 1998. Quantum Leap for Electronics, Nature, (394) pp.131 - 132.

Choi, S.U.S., 1995. Enhancing Thermal Conductivity of Fluids with Nano particles:Developments and Applications of Non - Newtonian Flows, America Society of Mechanical Engineers (ASME) 66 pp. 99.

Masuda, H., Ebata, A., Teramae, K., Hishiunma, K., 1993. "Alternância da condutividade térmica e viscosidade do líquido através da dispersão de partículas ultrafinas (dispersão de partículas ultrafinas de Al2O3, SiO2 e TiO2)" NetsuBusei (Japão) 4 pp. 227 - 233.

Krishnamurthy, S., Bhattacharya, P., Phelan, P.E., 2006. "Enhanced mass transport in Nano fluids", Nano Letter 6 (3) pp. 419-423.

Wasan, D.T., Nikolov, A.D., 2003. "Spreading of Nan fluids on solids", Nature 423 pp.156-159.

Touloukian, Y. S., Powell, R. W., Ho, C. Y., 1970. "Thermo physical Properties of Matter", Vol. 2, Plenum Press, Nova Iorque.

P. Keblinski, S.R. Phillpot, S.U.S. Choi, J.A. Eastman, 2002. Mechanisms of heat flow in suspensions of Nano - sized particles" (Nano fluids), International Journal of Heat and Mass Transfer 45, 855-863.

J.A. Eastman, S.R. Phillpot, S.U.S. Choi, P. Keblinski, 2004. "Thermal transport in Nano fluids", Annu. Rev. Mater. Res. 34 219246.

Mike Garvey, 2003. "The Impact of Colloid Science" Chemistry World.

Wesley Charles Williams, 2006. "Experimental and theoretical investigation of transport phenomena in Nano particle Colloids (Nano fluids)", Departamento de Ciências Nucleares e Engenharia do Instituto de Tecnologia de Massachusetts.

SeokPil Jang e Stephen U.S. Choi, 2004. "Role of Brownian motion in the Enhanced Thermal Conductivity of Nanofluids" Applied Physics Letter May.

A.R.A. Khaled, K. Vafai, 2005. Heat transfer enhancement through control of thermal dispersion Effects", International Journal of Heat and Mass Transfer48 (11) 2172.

D. Wen, Y. Ding,2005. Effect of particle migration on heat transfer in suspensionsof Nano Particles flowing through mini channels", Micro fluidics andNano Fluidics 1 (2) 183-189.

Y. Ding, D. Wen, 2005. "Migração de partículas num fluxo de suspensões de nanopartículas", Powder Technology 149 (2-3) 84-92.

W. Evans, J. Fish, P. Keblinski, 2006. "Role of Brownian motion hydro dynamics on Nano fluid thermal Conductivity", Applied Physics Letters 88 (9)93116.

Maiga, S.E., Nguyen, C.T., Galanis, N., Roy, G., 2004. "Heat transferbehaviors of Nano fluids in a uniformly heated tube".Super LatticesMicro structure. 35 (3-6), 543-557.

Khanafer, K., Vafai, K., Lightstone, M., 2003. "Buoyancy - driven heat Transfer enhancement in a two dimensional Enclosure using Nano fluids.Int. J. Heat Mass Transf. 46, 3639- 3653.

Koo, J., Kleinstreuer, C., 2005. "Fluxo laminar de nanofluidos em micro dissipadores de calor". J. Heat MassTransfer   48, 2652-2661.

Akbarinia, A., Behzadmehr, A., 2007. "Estudo numérico da convecção mista laminar de um nanofluido num tubo curvo horizontal". J. Appl. Therm. Eng. 27, 1327-1337.

S, Zeinali Heris, M, Nasr Esfahany, S., Gh,Etemad, 2007. "Numerical investigation of Nano fluid convective heat transfer 1043 - Through a circular tube", numerical heat transfer, part A: Applications (52)1058.

A.Behzadmehr,M.S.Avval,N.Galanis,2007.Prediction of turbulent forced convection of a Nano fluid in a tube Of With uniform heat flux using a two phase approach", international Journal heat and fluid flow (28) 211 - 219.

Y. Xuan, W. Roetzel, 2000. "Conceptions for heat transfer correlation of Nano fluids", Int. J. Heat Mass Transfer (43) 3701-3707.

Y. Xuan, K. Yu, Q. Li, 2005. "Investigation on flow and heat transfer of Nano fluids by the thermal Lattice Boltzmann model", Progress in Computational Fluid Dynamics 5 (1/2) 13-19.

S. Mirmasoumi, A, Bezadmehr, 2008. "Effect of Nano particles mean diameter on mixed convection heat Transfer of a Nano fluid in a horizontal tube", international journal Of heat and fluid flow (29) 557 - 566 .

Orfi, J., Galanis, N., Nguyen, C.T., 1988. "Escoamento incompressível laminar totalmente desenvolvido com convecção mista em tubos inclinados". Int. J.Numer. Meth, Heat Fluid Flow 3 (4), 901-908.

S. Lee, S.U.S. Choi, 1996. "Aplicação de suspensões de nano partículas metálicas em sistemas avançados de arrefecimento", em: 1996 International Mechanical Engineering Congress and Exhibition, Atlanta, EUA.

B. Pak, Y. Cho, 1998. "Estudo hidrodinâmico e de transferência de calor de fluidos dispersos com partículas de óxido metálico submicrónicas", Experimental Heat Transfer11 (2) 151-170.

Y. Xuan, Q. Li, 2003. "Investigation on convective heat transfer and flow features of Nano Fluids", Journal of Heat Transfer (125) 151155.

D. Wen, Y. Ding, 2004. "Experimental investigation into convective heat transfer of Nano Fluids at the entrance region under laminar flow conditions", International Journal of Heat and Mass Transfer 47 (24) 5181.

S. Heris, S.G. Etemad, M. Esfahany, 2006. "Experimental investigation of oxide Nano fluids laminar flow Convective heat transfer". Comunicações Internacionais em Transferência de Calor e Massa 33 (4) 529-535.

Lai, W.Y., Duculescu, B., Phelan, P.E., Prasher, R.S., 2006. Actas do Congresso e Exposição Internacional de Engenharia Mecânica da ASME (IMECE), Chicago, EUA.

Jung, J.Y., Oh, H.S., Kwak, H.Y., 2006. "Actas do Congresso e Exposição Internacional de Engenharia Mecânica da ASME (IMECE), Chicago, EUA.

Y. Yang, Z.G. Zhang, E.A. Grulke, et al, 2005. "Heat transfer properties of Nano particle - in - fluid dispersions Nano fluids in laminar flow", International Journal of Heat and Mass Transfer 48 (6) 1107-1116.

Barozzi, Sabbagh ,G.S., Zan chini, et al, 1985. "Investigação experimental da combinação de convecção forçada e livre em tubos horizontais e inclinados". Meccanica 20, 18-27.

Buongiorno, J. 2006. "Transporte convectivo em nanofluidos". Jornal de Transferência de Calor, 128, 240-250.

X, Peng, X, Yu, 2007. "Influence fator on suspension stability of Nano fluids", J. Zhejiang Univ: Eng. Sci, (41) 577 - 580 (em chinês).

Xuan Y, Li Q. 2000. "Melhoria da transferência de calor de nanofluidos". Int J Heat Fluid Flow; 21:58-64.

Karthikeyan, N. R., Philip, J., Raj, B., 2008. "Effect of clustering on the thermal conductivity of Nano fluids" Materials Chemistry and Physics. 109. 50 - 55.

Prakash, M., Giannelis, E. P., 2007. Mechanism of heat transport in Nano fluids" (Mecanismo de transporte de calor em nanofluidos). Journal of Computer - Aided Material Design. (14) 109 - 117.

Wang, X., Xu, X., Choi, S. U. S., 1999. "Condutividade térmica de nano partículas - mistura de fluidos". Journal of Thermo physics and Heat Transfer. 13(4), 474 - 480.

Jang, S. P., Choi, S. U. S. 2007. "Efeitos de vários parâmetros na condutividade térmica de nanofluidos". Journal of Heat Transfer. 129, 617-623.

Sung Joong Kim, 2007. "Pool boiling heat transfer characteristics of Nano fluids", Departamento de Ciências Nucleares e Engenharia do Instituto de Tecnologia de Massachusetts.

Chon, C. H., Kihm, K. D., Lee, S. P., Choi, S. U. S. 2005. "Correlação empírica para determinar o papel da temperatura e do tamanho das partículas no aumento da condutividade térmica do nanofluido (Al O_{23})". Applied Physics Letters. 87, 153107.

Prasher, R., Bhattacharya, P., Phelan, P. E., 2006. "Modelo convectivo-condutivo baseado no movimento browniano ou na condutividade térmica efectiva de nanofluidos". Journal of Heat Transfer. 128, 588 - 595.

Yu, W., França, D. M., Routbort, J. L., Choi, S. U. S., 2008. "Revisão e comparação da condutividade térmica de nanofluidos e melhorias na transferência de calor". Engenharia de Transferência de Calor. 29(5), 432 - 460. (1).

Ki, J., Kang, Y. T., e Choi, C. K., 2004.Analysis of Convective Instability and Heat Transfer Characteristics of Nano fluids". Física dos Fluidos, 16 (7), 2395 - 2401.

Evans, W., Fish, J., Keblinski, P., 2006.   "Role of Brownian Motion Hydrodynamics on Nano fluid Thermal Conductivity". Applied Physics Letters. 88, 093116.

Keblinski, P., Eastman, J. A., Cahill, D. G., 2005. "Nanofluidos para transporte térmico". Materials Today. junho. 36 - 44.

Yu, C. J., Richter, A. G., Datta, A, al et., 1999. "Observation of molecular layering in thin liquid films using X - Ray Reflectivity". Physical Review Letters, 82, 2326-2329.

Ren, Y., Xie, H., Cai, A., 2005. "Effective Thermal Conductivity of Nano fluids Containing Spherical Nano particles" [Condutividade térmica efectiva de nanofluidos contendo nano partículas esféricas]. Jornal de Física D: Física Aplicada. 38, 3958-3961.

Garg, J., Poudel, B., Chiesa, M. et. al. 2008. "Enhanced thermal conductivity and viscosity of copper Nano Particles in Ethylene glycol Nanofluid" [Condutividade térmica e viscosidade melhoradas de nanopartículas de cobre em nanofluido de etilenoglicol]. Jornal de Física Aplicada. 103. 074301.

Mansour, R. B., Galanis, N., Nguyen, C.T. 2007. "Effect of uncertainties in physical properties on forced convection Heat transfer with Nano fluids".

Engenharia Térmica Aplicada. (27) 240 - 249.

Zhou, S. Q., Rui, N. 2008. "Medição da capacidade térmica específica do nanofluido Al O_{23} à base de água". Applied Physics Letters. 92, 093123 .

Prasher, R., Song, D., Wang, J., Phelan, P. 2006. "Measurements of Nano fluid viscosity and its implications for thermal Applications" [Medições da viscosidade de nanofluidos e suas implicações para aplicações térmicas]. Applied Physics Letters, 89, 133108.

SaritK.Das,Stephen.Choi,Wenhuu.Yu,T.Pradeep, 2008. "Nanofluids science and technology".IohnWiely& Sons. Pradeep.Td853.N3b.

Igbal, M. e Stachiewicz, J. W., 1966 "Influence of tube Orientation on combined free and forced laminar Convection heat transfer", Trans. ASME, J. of Heat Transfer, pp109 - 116.

Zhang, Z., Gu, H., Fujii, M., 2007. "Condutividade térmica efectiva e difusividade térmica de nanofluidos contendo nano partículas esféricas e cilíndricas". Exp. Therm. Fluid Sci. 31, 5593-5599.

J. Orfi e N. Galauis. 1999. "Bifurcation in steady laminar mixed convection flow in uniformly Inclined tubes" International Journal of Numerical methods for heat Transfer heated & fluid flow, vol.9 No5, PP.543 - 567.

Choudhury, D., Patankar, S.V., 1988. "Combinação de convecção laminar forçada e livre na região de entrada de um tubo isotérmico inclinado". J. Heat Transf. Transf. ASME 110 (4), 901 909.

M. Akbari , A. Behzadmehr , F. Shahraki,2008. "Convecção mista totalmente desenvolvida em tubos horizontais e inclinados com fluxo de calor uniforme utilizando nanofluido", International Journal of Heat And Fluid Flow (29) 545-556.

Eiyad Abu - Nada. 2009. "Efeitos da viscosidade variável e da condutividade térmica do fluido AL2O3 - Água Nano no aumento da transferência de calor em convecção natural" Int. J. Heat fluid and flow 0142 - 727.

Anderson, D. H., Tannehill, J. C. e Plecher, R. H., 1984. Computational fluid mechanics and heat transfer", Hemisphere. Washington, DC.

Mohanned, A. T., 2000. "Mixed Convection Heat Transfer in a Horizontal Tube Filled withPorous Media", ph. D. Thesis, University of Technology

Orfi, j., Galanis, N. e Nguyen, C. T., 1998. "Laminar Mixed Convection in the Entrance Region of Inclined ipes with High Uniform Heat Fluxes", (Abstract). ASHRAE Trans.,Anual, Toronto.

Wilmad - vidro de laboratório Os artigos de vidro técnico cumprem a especificação ASTM E43. WWW.Wilmad - labglass.com

Yanuar, N.putra, Gunawan, M.Baqi, 2011. "Caraterísticas do fluxo e da transferência de calor por convecção de um tubo em espiral para nanofluidos", J. Heat Transfer, Vol.71Issue3.

OmegaEngineering,2007.http://www.omega.com/pressuremedidores.html.

Molisunora, Nilebovka, OVmelezhyk et al. 2006. "Stability of the Aqueous Suspensions of Nano tubes in the presence Of Non - ionic Surfactant" [J].J. Colloid interface sci., 299:740 - 746.

Xfli, Dszhu, XJ Wang. 2007. "Avaliação do comportamento de dispersão das nano-suspensões aquosas de cobre" [J]. J. Colloid interface sci., 310(2); 456 - 463.

I want morebooks!

Buy your books fast and straightforward online - at one of world's fastest growing online book stores! Environmentally sound due to Print-on-Demand technologies.

Buy your books online at
www.morebooks.shop

Compre os seus livros mais rápido e diretamente na internet, em uma das livrarias on-line com o maior crescimento no mundo! Produção que protege o meio ambiente através das tecnologias de impressão sob demanda.

Compre os seus livros on-line em
www.morebooks.shop

Printed by Books on Demand GmbH, Norderstedt / Germany